村镇生活垃圾无害化填埋技术

普及简明手册

虞文波 王松林 编著

U0362847

华中科技大学出版社
http://www.hustp.com
中国·武汉

图书在版编目 (CIP) 数据

村镇生活垃圾无害化填埋技术普及简明手册 / 虞文波，王松林编著 . —武汉：华中科技大学出版社，2022.9
ISBN 978-7-5680-8671-4

Ⅰ.①村… Ⅱ.①虞… ②王… Ⅲ.①农村—生活废物—垃圾处理—卫生填埋—手册 Ⅳ.① X799.305-62

中国版本图书馆 CIP 数据核字 (2022) 第 151883 号

村镇生活垃圾无害化填埋技术普及简明手册　　　　虞文波　　王松林　编著
Cunzhen Shenghuo Laji Wuhaihua Tianmai Jishu Puji Jianming Shouce

策划编辑：康　艳
责任编辑：林凤瑶
封面设计：璞茜设计—王薯聿
责任校对：刘　竣
责任监印：朱　玢
出版发行：华中科技大学出版社 (中国・武汉)　　　电话：(027)81321913
　　　　　武汉市东湖新技术开发区华工科技园　　邮编：430223
录　　排：华中科技大学惠友文印中心
印　　刷：湖北金港彩印有限公司
开　　本：880mm×1230mm　1/32
印　　张：2
字　　数：38 千字
版　　次：2022 年 9 月第 1 版第 1 次印刷
定　　价：25.00 元

前　言

随着我国经济的快速发展，村镇居民生活水平不断提高，村镇生活垃圾产生量逐渐增长。村镇生活垃圾的处理处置成为新农村建设中亟待解决的问题，也是改善农村地区生态环境的重要组成部分。卫生填埋作为我国目前农村生活垃圾无害化处理处置的主要方式，具有投资成本和运行成本低、易于管理等优点。如何科学有效地对村镇生活垃圾进行收运填埋，形成长期可靠的村镇生活垃圾填埋场运维机制，安全稳定地对村镇生活垃圾进行填埋处理，成为困扰基层领导干部与广大一线工作人员的问题。针对上述问题，我们编制了《村镇生活垃圾无害化填埋技术普及简明手册》，用简单易懂的语言及图片对村镇生活垃圾在收运填埋过程中遇到的常见问题与技术原理进行说明，可供基层领导干部与一线工作人员参考。

衷心感谢国家重点研发计划课题（村镇生活垃圾及残余物低成本无害化填埋与渗滤液处理技术集成，2018YFD1100604）与武汉市科技计划项目（基于垃圾分类的厨余垃圾源头生物转化及低渗滤液垃圾填埋处置技术，

2020020601012277）对本手册的资助与支持。

本简明手册第一部分由卞士杰、虞文波完成，第二部分由杨钊完成，第三部分由金攀完成，第四部分由吴莉鑫完成，第五部分由赖昌飞完成，第六、七部分由郭帅完成，第八部分由陈新月完成，全手册由虞文波、王松林统筹。感谢杨家宽教授、康建雄教授、陈海滨教授、陈朱蕾教授对本手册的修订与指导。在手册的撰写过程中，编者参考了大量公开的资料，在此对原作者的辛勤付出表示感谢。

限于编者水平与编制时间，本手册难以覆盖村镇生活垃圾无害化填埋技术的所有问题，疏漏之处请各位读者批评指正！

编者

2022 年 6 月

目　录

第一部分

概　述

1. 什么是村镇生活垃圾？

村镇生活垃圾源于农村和乡镇地区居民日常的生活和生产，其主要形式是固体废弃物，同时也包括一些在相关规定中被定义为生活垃圾的废弃物。塑料包装袋、厨余垃圾、纸制品是村镇生活垃圾的主要组成部分，此外，还有废旧衣物、玻璃和渣土等。

村镇地区是农村、乡镇人口的聚集地，我国住建部于2021年面向社会公布的《2020年城乡建设统计年鉴》显示，截至2020年，我国共有行政村492995个，村庄常住人口约6.75亿。按照人均每日生活垃圾产生量0.4 kg—0.9 kg进行估算，我国每年的村镇生活垃圾产生量高达0.99亿吨—2.22亿吨。平均每个行政村每天会产生0.55吨—1.2吨生活垃圾。

垃圾分类是实现垃圾源头减量的重要环节，许多地区实行垃圾分类的方法是二分法，如把生活垃圾分为干垃圾与湿垃圾、易腐烂垃圾与不易腐烂垃圾等，也有不少村镇实行的分类方法是在二分法的基础上增加了有毒有害垃圾类的三分法。此外，我国目前推行"户分类、村收集、镇转运、县（区域）处理"的村镇生活垃圾处理模式。

2. 村镇生活垃圾对环境的危害有哪些？

在早期，我国村镇生活垃圾主要是秸秆、家禽粪便等农业废弃物，随着经济发展及生活水平的提高，橡胶塑料类固体废弃物和一些电子产品（如手机、收音机、耳机等）的废弃零部件逐渐增多。村镇生活垃圾如果只是简易堆置，不经过终端处理，会对村镇生态环境造成污染，具体的危害有以下三个方面。

（1）影响居住环境。垃圾堆存会产生垃圾渗滤液，垃圾渗滤液中含有有机物、氮磷、重金属等，进入环境后影响地表水的水质。此外，垃圾堆存的过程中腐烂的有机物会产生有毒有害气体（如氮氧化物、含硫化合物等）、温室气体（甲烷、二氧化碳等），而垃圾本身含有的细小颗粒物也会在空气中扩散。

（2）危害人体健康。未妥善处置的垃圾会滋生蝇虫、产生致病菌、传播疾病，危害人体健康。垃圾简易焚烧的过程中会产生有毒的挥发性有机污染物（如蒽、烷烃、烯烃、醛类等），以及刺激性气体，人体吸入后会有不适反应。此外，垃圾中的有毒有害物质会在土壤中被农作物富集，长期摄入含有毒有害物质的农产品，会损害人体的肝脏与神经。

（3）影响生态环境。垃圾中含有的危险固体废弃物（如杀虫剂、旧电池等）难以降解，且具有致畸、致癌、致突变的特点，一旦处理不当，会对水体与土壤环境造成长期、恶劣的影响。

3. 我国村镇生活垃圾的处置方式是怎样的?

村镇生活垃圾可通过卫生填埋、好氧堆肥以及焚烧进行处置，不同处置方式的优缺点如表 1-1 所示。垃圾卫生填埋处理方式本身具有操作简便、成本低的特点，能适应各地区的经济发展水平。因此垃圾卫生填埋被视为村镇一级地区处理生活垃圾的主要方式。实践证明，农村生活垃圾产生分散、收集运输困难等是村镇生活垃圾集中处理的难点。

表 1-1　不同垃圾处置方式的优缺点

处置方式	卫生填埋	好氧堆肥	焚烧
操作安全性	较好，注意防火	好	好
技术可靠性	可靠	可靠	可靠
占地	大	中等	小
建设投资	较低	适中	较高
运营成本	较低	适中	较高
稳定化时间	20 年—50 年	15 天—60 天	2 小时

处置方式	卫生填埋	好氧堆肥	焚烧
最终处置	无	非堆肥物需做填埋处理，为初始量的20%—25%	仅残渣需做填埋处理，为初始量的10%—20%

卫生填埋场采用底部防渗、顶部覆膜，周边雨污分流等措施，配套相应的渗滤液和填埋气处理设施，相对于其他垃圾处理方式，其处理效率较高，同时不需要投入太多的能源和设备费用，具有极大的便捷性。垃圾填埋过程中会产生有毒有害液体（渗滤液）和恶臭难闻且对环境有害的气体（填埋气）等，因此填埋场的场区要求远离居民区，同时场区要有恰当的水文地质结构，以免对周边环境造成污染和产生危害。卫生填埋场要求底部做 HDPE 膜加黏土的防渗处理，同时底部要布置盲沟、安插渗滤液导排管用于渗滤液的收集和处理，还对填埋气导排的管网和石笼、监测井及适当的最终覆盖层等有相应的要求。

在现有的卫生填埋技术的基础上，一些新型的填埋相关的技术也在不断更新，如日本开发的垃圾堆好氧填埋技术，新兴的基于生物反应器原理的垃圾填埋方法等。科学研究表明这些新型填埋技术可以在传统填埋处理方法的基础上有效地减少填埋过程中产生的有毒有害液体和恶臭气体等，并缩短使垃圾达到稳定化状态的时间。对已封场的垃圾填埋场，可以将其改造成生态公园，进行场地修复，实现土地资源的再利用。图1-1为国内生活垃圾填埋场的工程实例。

（a）福建泉州垃圾填埋场

（b）北京阿苏卫垃圾填埋场

图1-1　国内生活垃圾卫生填埋场的工程实例

（c）青岛小涧西垃圾填埋场改造的生态公园

（d）武汉二妃山垃圾填埋场改造的生态公园

续图 1-1

第二部分

填埋场设施

1. 正规的填埋场包括哪些部分？

正规的填埋场应该包括必要的自来水引水设备、处理水排放通路、一系列电气设备、土建工程、消防和安全设施、卫生设施、通信与监控等附属设施或设备，以及日常转运的主干道路。

正规的填埋场应在场区入口处设置填埋场标志并提供以下信息：运营时间、准许进场的垃圾、健康与安全规范、非许可垃圾、场区来访者和使用者的方向指示、车辆最高限速、紧急联系人和联系电话等。

2. 填埋场运行安全管理需要注意的事项有哪些？

（1）垃圾场附近及场区入口均须设立明显易见的标志牌。在一些专用的垃圾运输道路、设备进场道路以及垃圾填埋作业区域设置明显的指示牌、车辆速度警示牌等。

（2）填埋场作业区域明令禁止使用火烛、打火机等易产生明火的物品，场区内严禁车辆携带易燃易爆物品进入，同时须设置明显的防火标志。

（3）根据村镇垃圾填埋场的特点，应当禁止牲畜进入填埋场作业区域。

（4）针对村镇垃圾填埋场的特点，禁止儿童进入填埋场场区。

（5）未经许可，禁止农林废弃物、死亡的家禽与牲畜、废旧家电等大件垃圾进入村镇生活垃圾填埋场。

（6）渗滤液收集池旁应配备救生圈等安全防护设施，防止溺亡等事故的发生。

（7）填埋场应定期对附属设施的完好性、功能性进行检查、改造和维护，重点对电气、给排水、消防、道路等设施加强管理。

（8）填埋区处于填埋作业状态时，严禁一切其他无关人员在作业区域内作业，填埋作业时需对场区作业范围内的车辆和人员进行疏散。

3. 如何对填埋场进行维护保养？

（1）在填埋区作业倾倒点铺设简易道路，定时进行清理，确保下一阶段填埋作业的正常进行。为了提高简易道路的密实度，保证车辆通过，需要对简易道路路基进行碾压。

（2）及时平整垃圾填埋场内的垃圾，严格实施定期消毒处理，定期灭蝇虫的措施。

（3）道路、排水设施等应定期检查维护，排洪沟等设施应定期清理、维护。

（4）定期检查、维护各种消防设施、设备，及时更换或增补失效或缺失的设施与设备。

（5）保持场区内各种标志和指示牌的完整、整洁，标志和指示牌必须设置在醒目的位置。

（6）定期检查防火隔离带和防火墙，防止填埋场发生火灾，对周边树林和建筑物造成危害。

第三部分

垃圾收运及填埋作业

1. 填埋作业的一般规定有哪些？

填埋场管理人员应制定填埋处理规范以及相关安全规定；作业人员应掌握本岗位工作职责与任务要求，熟悉相关作业规范及设备设施的使用方法。

2. 村镇垃圾如何进行收运？

（1）收集：在生活区设置密度适宜的垃圾桶或垃圾箱等垃圾收集装置，在收集环节可以进行垃圾分类，如图 3-1 所示。

（a）垃圾桶

图 3-1　常见垃圾收集装置

（b）勾臂垃圾箱

续图 3-1

（2）运输：垃圾由保洁人员收集至垃圾转运车（图 3-2）后运送至填埋场进行填埋，注意防止运输过程中垃圾渗滤液滴漏。

（a）压缩式转运车

图 3-2　垃圾转运车

（b）拉臂式转运车

（c）挂桶式转运车

续图 3-2

（3）清洗：在垃圾填埋后，有条件的垃圾填埋场还可设置车辆清洗装置，清洗转运车辆，如图3-3所示。

图3-3　垃圾填埋场转运车辆清洗设施

3. 如何计算进场垃圾量？

有条件的填埋场，可以设置称重计量用地磅对进场垃圾进行计量和登记，可采用自动记录系统，如图3-4所示。此外，填埋垃圾量也可根据运输车辆的运载量与垃圾的密度进行估算。

图 3-4 垃圾称重计量用地磅

4. 需要使用的作业设备有哪些？

现场作业设备包括推土机、挖掘机、除臭设备、渗滤液处理设备等，如图 3-5 所示。

图 3-5　常见作业设备

5. 为什么要进行分区作业与覆膜？

依据填埋场设计规划，填埋场在作业时可分区作业，填埋区域作业完成后对其进行覆膜以减少渗滤液的产生，如图 3-6 所示。单元层垃圾填埋完成后，应保持雨污分流设施完好。

图 3-6　填埋场覆膜

6. 怎样进行填埋作业?

　　(1) 每日根据垃圾量和填埋库区分布提前划分作业区域,做好防雨工作。由于村镇地区人员居住具有分散分布的特征,人均占地面积大,每天产生的单位生活垃圾量较小,建议只针对填埋作业区域进行填埋堆存、压实的操作。未进行填埋作业或已封场的其他填埋库区建议用防雨膜进行表面覆盖，减少雨水的直接渗入。

（2）要做好雨水和污水混合的预防工作，减少污水量。如设置雨水污水分流的收集与排水系统，渗滤液调节池顶部需要加盖，防止雨水进入。

（3）保持填埋场周围截洪沟排水畅通，实现雨水污水分流，如图3-7所示。

图3-7　湖北省荆州市公安县埠河镇垃圾填埋场场区外围截洪沟

第四部分

渗滤液收集及其处理

1. 什么是垃圾渗滤液？

渗滤液是在填埋处理生活垃圾的过程中，垃圾自身含有的水分因为重力引流和生物作用所聚集的对环境有很大危害的废水。渗滤液是具有高污染负荷的有机废水，必须经过科学的处理处置，以免对地下水或地表水造成污染。现有填埋场中应用较多、工艺较成熟的渗滤液处理系统主要涉及三个方面：收集、储存及处理。

2. 渗滤液收集系统由哪些部分组成？

渗滤液收集系统大体分为三个部分，包括负责进行渗滤液引导的导流层、导排盲沟以及对渗滤液进行保存和具有调节作用的渗滤液调节池。

填埋场底部的导流层布置于整个填埋场场底和坡面上。在建设导流层时需预留一定坡度，使其在今后渗滤液汇流的过程中产生重力引流效果，便于渗滤液向导流层汇集，如图4-1所示。

底部的导排盲沟可分为主盲沟和支盲沟。主盲沟一般采用沟渠形式，其断面为梯形，沟内以碎石子填充，铺设表面穿孔的渗滤液导排管，导排管四周包裹土工布，以防止管壁孔洞堵塞。垃圾产生的渗滤液在重力引流的作用下通过渗滤液导排管流入地势较低的调节池中。支盲沟按照约 20 m 间距分布于整个填埋库区，且与主盲沟垂直布置。

图 4-1 填埋场底部渗滤液导流层的建设安装

　　渗滤液调节池建设在垃圾填埋库区以外的位置。渗滤液调节池的大小应该按填埋场能够填埋的垃圾总量和本地年降雨量进行设计。渗滤液调节池体积的确定规则为：能容纳填埋场三个月的垃圾累积渗滤液量。渗滤液调节池如图 4-2 所示。

（a）露天调节池

图 4-2　渗滤液调节池

（b）加盖调节池

续图 4-2

3. 渗滤液处理工艺有哪些？

　　渗滤液的处理工艺多种多样，一般需要考虑的因素有填埋场的使用时长、垃圾填埋作业的特点以及本地的经济水平等。由于垃圾渗滤液成分复杂，处理起来比较困难，因此一般的生活垃圾渗滤液处理工艺包括三部分，分别是预处理、生物净化处理和人工投加化学品深度处理。可综合考虑渗滤液的成分和污染物的浓度、渗滤液产生量及当地水处理排放标准等，选取适宜的处理工艺组合方式。

渗滤液的预处理工艺可以采用混凝沉淀法和高级氧化法，可去除渗滤液中的固体性悬浮污染物和一些不可降解的有机物，能够改善渗滤液的可生化性。

生物净化处理工艺根据处理过程中所需要的氧气不同，分为厌氧法和好氧法两种。主要是通过在多种细菌的生长和繁殖过程中，细菌自身逐步消化掉渗滤液中各种各样的污染物。

深度处理工艺主要通过一些大型压力设备强行过滤其中的污染物，主要用于去除各种溶解在渗滤液中的污染物。当渗滤液处理过程中产生少量污泥时，需要对污泥进行恰当的稳定处理，然后重新填回填埋场。深度处理后可能会产生一些膜处理浓缩液，这一部分可以重新倾倒回填埋场。

对于小型生活垃圾填埋场，渗滤液产生量小，可采用小型的集成式渗滤液处理设备，不仅能减少基建费用，还能减少后续的渗滤液处理成本，如图 4-3 所示。

图 4-3　环流曝气双段式渗滤液集成处理装备

第五部分

填埋气及其处理处置

1. 什么是填埋气？

填埋气是产生于生活垃圾填埋过程中的特殊气体，具有难闻的恶臭味（臭鸡蛋味），会对周边环境造成污染，其主要是由一些微生物生长和繁殖导致的。如表 5-1 所示，填埋气主要成分为 CH_4（30%—55%）、CO_2（30%—45%），同时还有硫化氢（一种酸性气体，会刺激人体的眼睛和皮肤）和少量的氨气（对呼吸道和眼睛均有刺激作用）。厌氧填埋产生的填埋气热能较高，适当预处理后能够作为清洁能源继续使用。但若未采取妥善导排等处置措施，大量填埋气不断迁移聚集，存在易燃易爆等安全隐患，同时也会影响周边环境及居民健康。

表 5-1　垃圾填埋气主要成分及其体积分数

成分	体积分数 / （%）
甲烷（CH_4）	30 — 55
二氧化碳（CO_2）	30 — 45
氧气（O_2）	0.1 — 1
氮气（N_2）	2 — 5
硫化氢（H_2S）	0 — 1
氨气（NH_3）	0.1 — 1
氢气（H_2）	0 — 0.2

成分	体积分数 /（%）
一氧化碳（CO）	0 — 0.2
其他微量气体	0.01 — 0.6

2. 填埋气是如何产生的？

填埋气是生活垃圾填埋过程中微生物代谢活动产生的重要产物，传统垃圾填埋过程中微生物降解垃圾大致可分为五个阶段：

（1）初始调整阶段，填埋垃圾中携带部分氧气，此时易降解有机物进行剧烈的好氧分解，主要成分为 CO_2，分解过程产生大量热量，该阶段历时很短。

（2）过渡阶段，垃圾堆体里的氧气基本被微生物消耗完毕，此时水解过程逐渐占据主导地位，垃圾本身携带的丰富的、复杂的、可供微生物繁殖和生长的营养物质（蛋白质、淀粉、糖等）开始在微生物的参与下发酵，生成一些有机物、CO_2 和少量 H_2。

（3）酸性物质产生阶段，上述两个阶段产生的大部分有机物在这一阶段都被转化成小分子酸、氢气等小分子物质，再往后这些小分子物质可通过微生物的复杂生化作用生成乙酸。

（4）产 CH_4 阶段，这一阶段产生大量气体，这是一个十分重要的阶段，经过前三个阶段长期的反应，其中产生的酸性物质、填埋气等在一些特殊微生物的作用下，彻底转化为 CH_4 和 CO_2，其中 CH_4 的体积分数保持在 50%—60%。

（5）稳定阶段，堆体性质基本稳定，填埋气仍以 CH_4 和 CO_2 为主，但产气速率较产 CH_4 阶段明显下降。

3. 填埋场需要考虑哪些填埋气处置措施？

（1）为防止填埋场内部填埋气迁移聚集而引发爆炸等，正规填埋场应具备必要的填埋气体导流和排放（导排）设施。填埋气体导排设施的设计与施工应与填埋场主体工程同步，导排设施可根据填埋规模选择是否分期实施，投运 3 年内应完成。在填埋场建成并完成所有填埋工作后，应派专人定期检查，及时修理有问题的导排设施，做好维护工作，防止出现安全隐患。

（2）以填埋场设计库容量及填埋深度为参照，设计小于或等于 10 万吨（小于或等于 10 米）的填埋场时，采用被动模式导排填埋气具有相当的必要性；设计 10 万吨—50 万吨（10 米—20 米）的填埋场时，必须设置填埋气主动导排设施；设计大于或等于 50 万吨（大于或等于 20 米）的填埋场时，建议采用火炬法对垃圾进行集中燃烧处理，并采用填埋气减排工艺。

（3）根据填埋深度，填埋场底部设置的竖向收集井，每两个的最大距离不能超过 50 米，最小距离为 20 米，收集井的高度也不能一成不变，应该随着垃圾堆体的高度增加而逐步增高。

（4）填埋场填埋气在垃圾堆体内部会发生横向移动，一般作用距离为场界内 50 米，这个距离是可以合理控制填埋气横向移动的安全距离。

（5）导排收集到的填埋气可以根据需要处理或进行利用，如集中收集做燃气或者净化利用。

4. 如何正确收集填埋气？

（1）填埋气收集导排的分类方式有多种，一般会根据导排方式进行划分，常用的两类填埋气导排方式为主动导排和被动导排。主动导排多用于大、中型填埋场，在填埋场内铺设导排装置，连接动力抽气设备，将填埋过程中产生的填埋气体强行抽取出来，随后实现手动控制并且进行有序的排放。被动导排是填埋气体利用自身产生的压力，通过垃圾堆体中存在的空隙被动排出。导排装置包括导气井或导气盲沟等，导排系统的设置应与填埋作业进度保持一致，可以根据实际情况选择不同的导排方式。

（2）采取"井"+"盲沟"的方式排放填埋气效果很好，其主要是将竖直导气井联通填埋场底部铺设的导气盲沟，导气井和导气盲沟的布设数量确定规则为：明确导气井或导气盲沟能够服务的范围，然后还要知道填埋场的整体面积，用后者除以前者就可以得到导气井或导气盲沟的设计数量。垃圾堆体填埋气导气设施应绝大部分覆盖（覆盖率不小于95%）垃圾填埋区域。一般来说，垃圾堆体中部的主动导排竖直导气井要稍微稀疏一些，每两个之间的距离要控制在35米以内，防止兼顾不到所有区域，被动导排导气井或导气盲沟间距要小一些，每两个之间的距离应不超过20米，保证填埋气的及时排放。

（3）新建垃圾填埋场，宜在填埋场使用初期（填埋高度1米—2米时）铺设导气井或导气盲沟。导气井底部坚硬部分和填埋场库区底部铺设的防渗层的接合部分要尤其注意，防止某一点压力集中，压破底部的防渗结构，进而导致渗滤液渗漏。

（4）设置导排系统时应考虑垃圾堆体的沉降，防止导排系统因阻塞、断裂而不能正常运行。在雨季，要注意一些特殊位置（导气井与覆盖层交叉处、堆体下方导气盲沟等）

的雨水渗入或水位过高的问题，如图 5-1 所示。图中渗滤液导排装置由"渗滤液调节池"与底部的"收集管道"构成，填埋导排装置简化为用"注气 / 抽气系统"表示。

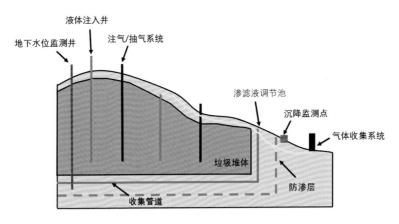

图 5-1　渗滤液与填埋气收集导排系统

5. 填埋场产生的填埋气在收集处置时的注意事项有哪些？

填埋气无组织排放，会引发一系列环境危害，通过有效的收集处置，既能降低危害，又能实现资源再利用。填埋气可以用来集中发电，去除其中杂质后可用于居民日常供暖等。

填埋气处置设施需根据实际填埋情况进行设置，处置过程中需注意如下事项：

（1）火炬点燃、熄灭时易产生易爆炸的混合气体，因此处置过程需具有相关的安全保护措施。火炬距地面 2.5 米以下时外表面温度不应高于 50 ℃。为防止回火，填埋气进口管道应配备相应的阻隔火焰的不可燃装置。

（2）受季节、气候、降水、填埋阶段等因素的影响，填埋气体产生量在时间上具有极其不稳定的特点，同时填埋堆体排放的气体中甲烷浓度分布也不均匀，火炬应有足够尺寸以满足填埋气稳定燃烧，稳定燃烧会形成持续的高温，只有这样才能完全分解填埋气中的有毒有害气体。

（3）为避免可燃气体在空气中聚集，相关抽气、燃烧设施应具有良好的通风条件。填埋场中涉及填埋气体燃烧和利用的相关配套设施，应指定专人定点、定期进行检查，定期对其进行维护和保养。

第六部分

填埋场封场与检测

1. 封场的一般规定有哪些?

（1）填埋场垃圾堆体的高度达到设计的最大高度或不再进行垃圾填埋作业时，必须对垃圾堆体进行封场处理，及时完成覆盖作业。

（2）填埋场封场工程应尽量采用成本低且技术先进，同时后期方便维护，并满足施工生产安全、对环境污染破坏最小的方案。

（3）填埋场的封场应当考虑垃圾堆体的整体布局和填埋堆体的坡面稳定性、填埋堆体表面的绿化美观、填埋场地的土地利用率与水土保持能力等因素。

2. 封场技术与施工要求有哪些?

（1）填埋场封场后，填埋堆体表面进行覆盖的部分的倾斜度不小于 5%，填埋堆体整体边坡度不小于 10%，堆体高度与填埋堆体底面半宽度比值大于 0.1 时宜采用多级台阶，在两个相邻的表面平台之间产生的斜坡倾斜度小于 1 : 3（单个边坡的高度 : 宽度 <1 : 3），单个台阶的底部长度不宜小于 2 米，如图 6-1 所示。

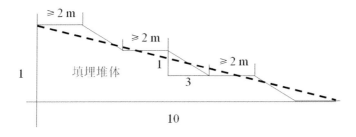

图 6-1 填埋堆体覆盖层表面设计示意图

（2）填埋场封场时，垃圾堆体表面的覆盖结构一共有五层，每一层都有其具体的作用，覆盖结构的层次顺序由传统的覆盖方式决定，从下至上依次为：垃圾层、排气层（负责气体的导排）、防渗层（起隔绝外部降雨，防止雨水渗入的作用）、排水层（起雨水排放的作用）、植被层（起植被美化的作用），如图 6-2 所示。

（3）当地下水受到填埋场污染时，填埋场封场工程应采取有效的地下水污染控制措施，具体控制措施应符合现行行业标准。

（4）封场工程建设过程中应优先考虑现有的填埋气利用、收集与导排渗滤液、防洪与地表水导排、环境与安全监测、其他辅助功能设施等，若存在损坏或无法再利用的，可进行适当的修复、改造或重置恢复其使用功能。

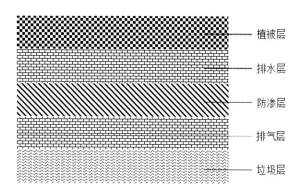

图 6-2　垃圾填埋场覆盖层层次及顺序

3. 如何进行封场后的管理维护？

（1）填埋场封场覆盖后，应及时实施生态恢复措施，如采用种植植被的方法保持填埋场美观，并使其尽量与附近自然环境相协调，如图 6-3 所示。

（2）填埋场封场后宜进行水土保持的相关维护工作，防止封场工程因水土流失而变形引发工程事故。

（3）填埋场土地利用前应对土地稳定性进行鉴定，邀请负责土地使用与规划的有关部门进行鉴定，否则不可以作为填埋场使用土地。

图6-3　常见填埋场封场覆盖后绿化景观

4.如何对填埋场进行检测？

（1）填埋场封场只是完成了工作的50%，剩下的检测工作也是填埋工艺的重要部分。只有通过检测各种指标才能确定填埋场是否已经稳定，垃圾是否已经不会对人类居住环境构成威胁，检测的工作内容主要包括对中后期产生的填埋气体与渗滤液进行收集处理、对填埋场的环境与安全进行监测、对填埋堆体的稳定性进行监测、对覆盖系统与植被等做好管理维护并记录等。检测工作应持续至垃圾堆体不再产生填埋气和渗滤液为止，如图6-4所示。

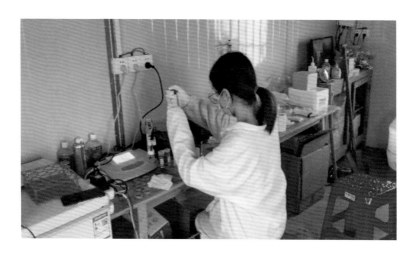

图 6-4 填埋场定期检测

（2）填埋场填埋作业完成后，后续运行期间应当保证相关指标监测设备运行稳定，对垃圾堆体的高度与渗滤液导流层水位进行长期监测，定期对填埋堆体的典型指标如沉降性、边坡变形情况及渗滤液导流层水龙头进行检测，根据测定结果提前发现工程危险征兆并且采取应急控制措施。

第七部分

蝇虫及恶臭控制

1. 垃圾填埋场中蝇虫及恶臭来源是什么?

由于日常生活垃圾要经过产生、收集、运输和填埋等若干过程才能进入填埋场进行最终的处理处置,因而在若干过程中增加了垃圾与外界环境的接触频率,为蝇虫繁殖提供了条件;已经开始腐烂的垃圾会发出特殊的气味,招致各种蝇虫在其表面播撒大量蝇卵、蝇蛆等。

恶臭是由垃圾本身的腐烂造成的。从垃圾产生的那一刻起,腐烂便开始了,由于垃圾直接暴露在环境中,使得垃圾成为微生物滋生的绝佳场所。在这些微生物的分解作用下,垃圾中的易腐烂物质开始迅速分解,若是在高温环境中,该过程还会加剧。垃圾迅速分解的过程中会产生大量恶臭的气体,其中主要成分有氨气、硫醇类物质、硫化氢及其他芳香族化合物。另外,垃圾在进入填埋场后,随后的摊铺和压实操作还会进一步加剧恶臭气体的产生和排放。填埋作业完成后,垃圾在填埋堆体内进行缓慢降解的过程中也会产生大量的恶臭气体。

2. 蝇虫及恶臭的危害有哪些?

生活垃圾由于腐烂散发出特殊气味,招引的大量蝇虫与污染物直接接触,通过这些蝇虫体表、喙携带或粪便排出具有感染性的蠕虫卵等传播疾病，对人类的身体健康产生一定的威胁。一只成蝇的身体表面可以携带高达 600 万个细菌，而其肠道内所容纳的细菌则多到惊人（2800 万个）。蝇虫若与人体或食物直接接触，会在其表面造成严重的污染，留下各种致病菌。另外蝇虫类生物还具有吸血的能力，会造成牲畜的产奶量、产肉量大幅下降，侵袭人身体时还会使人难以忍受，影响人类正常的作息和活动，严重影响人的心情。

恶臭气体由于其中含有大量的有毒成分，人体吸入会有一定的危害，会给人体造成直接的感官不适，影响人类正常的工作和生活。

3. 如何正确防治蝇虫及恶臭？

（1）物理防治。

主要是通过在环境中设置灭蝇器械或其他直接的物理手段对蝇虫进行灭杀。比如：

捕蝇笼：主要负责诱捕成蝇，捕蝇笼应设在蝇虫滋生严重的区域，以腐肉或其他腐臭性物质作诱饵，将其引诱至笼内再用杀虫剂进行集中灭杀。

灭蝇灯：主要是利用蝇虫的生物趋光性，蝇虫对波长为365 纳米左右的紫外线最敏感，因此利用灭蝇灯发出的荧光引诱蝇虫，随后通过带电装置使蝇虫触电死亡。常见的蝇虫物理防治装置如图 7-1 所示。

（a）捕蝇笼

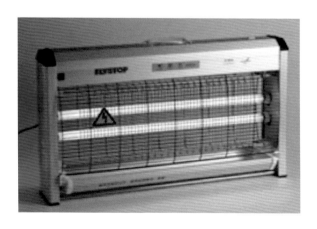

（b）灭蝇灯

图 7-1　常见的蝇虫物理防治装置

（2）化学防治。

主要通过向环境中喷洒灭蝇的化学药剂对其进行灭杀。表 7-1 罗列了目前国内填埋场常用的灭蝇化学药剂。

表 7-1　目前国内填埋场采用的灭蝇化学药剂

填埋场	药剂
上海市老港废弃物处置场	增效杀螟松、复合三氯杀虫酯、增效敌敌畏、高效杀灭菊酯、灭幼灵、强力灭害灵以及其他卫生除臭药等
宁波市铜盆浦垃圾填埋场	环境卫生杀虫剂、宝力杀、灭蝇灵、敌敌畏等交错使用
湖北省宜昌市黄家湾垃圾处理场	敌敌畏乳油、高效氯氰菊酯（质量分数 4.5%）、氰戊菊酯及增效剂
杭州天子岭垃圾填埋场	氯氰菊酯、溴氰菊酯、有机磷、有机氯、增效剂、乳化剂制作复配药剂
沈阳市大辛生活垃圾卫生填埋场	氯菊酯（质量分数 5%）+ 四氟醚菊酯水乳剂；氯氰菊酯（质量分数 6.8%）+ 右旋反式氯丙炔菊酯水乳剂

资料来源：张杰，李杭芬，赵由才，等 . 垃圾填埋场苍蝇和恶臭污染控制技术研究进展 [J]. 环境污染与防治，2016，38（1）：69-75，110.

除喷洒化学药剂对成蝇及蝇蛆进行灭杀以外，还可以通过布设毒饵和毒蝇绳对成蝇进行灭杀。毒饵是将含毒素的杀虫剂调和至蝇虫喜食的糖类、鱼粉、发酵粉中，混合制成毒饵，放在蝇虫聚集的地方对蝇虫进行灭杀；毒蝇绳利用蝇虫喜欢停落在绳索等悬挂物上的习性对蝇虫进行毒杀，是将药效持久的杀虫剂和蝇虫喜食的糖类、蜂蜜或增味剂混合后，浸泡绳索并晾干，悬挂在蝇虫聚集的地方对蝇虫进行灭杀。

（3）生物防治。

生物防治是指通过培养和利用一种生物对另一种生物进行灭杀的生物手段，一般的手段包括使用生物杀虫剂、昆虫生长调节剂和引入蝇虫类天敌生物等。

通过培养苏云金芽孢杆菌，使其产生β外毒素血清，该血清对蝇虫具有毒害性，可以起到一定的灭杀作用。相关研究表明，类似白僵菌、瓶梗青霉属的真菌杀虫剂也对蝇虫具有一定的防治作用。利用植物组织提取物制作而成的具有杀虫作用的药剂如生物碱（如藜芦碱、雷公藤碱等）对蝇虫具有一定的毒害作用。植物源药剂多属于触杀剂、胃毒剂，蝇虫只有接触到药剂后方能被毒杀。与化学药剂相比，植物源药剂具有不易使昆虫产生抗性、自然条件下可迅速降解、原料来源广等优点。

（4）环境防治。

通过对填埋场中的垃圾进行妥善管理处置可以将蝇虫的繁殖率降到最低，其中主要的防治手段有垃圾表面覆盖薄膜（图7-2）、缩小作业面、及时排出积水等。垃圾表面覆盖薄膜主要是指通过在新收集的垃圾表面覆盖薄膜使其与外界环境隔绝，消除蝇虫繁殖的基础进而控制蝇虫的形成，降低区域中的蝇虫密度。缩小作业面、排出积水等方式防治蝇虫，其原理与垃圾表面覆盖薄膜类似。

图 7-2 垃圾表面覆盖薄膜防治蝇虫

第八部分

安全环保卫生与突发
事件应急处置

1. 安全规定有哪些？

（1）填埋场应加强道路的维护，确保道路平整，使垃圾车能畅通无阻；避免进出道路堵塞。

（2）填埋场场区内部涉及安全作业的区域均应配备安全警示标志牌或标语。作业人员应装备齐全，全方位按照设计好的施工要求和作业流程进行规范作业，不得随意作业。

（3）填埋场内部可能存在隐患的位置应提前设置好防火防爆标志牌。填埋库区内严禁使用明火，防止附近沼气聚集导致自燃和爆炸。

（4）填埋场内还必须要有环境卫生设施标志牌。安全标志如图 8-1 所示。

图 8-1　安全标志

2. 环保卫生规定有哪些？

（1）填埋场当地的地下水情况对周边居民的生活环境

具有十分重要的影响，是需要进行重点监测的对象，针对可能存在的填埋渗滤液渗漏，填埋场在设计时需要考虑地下水质量，设置污染物扩散监测井等，如图 8-2 所示。

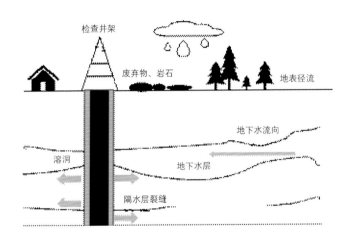

图 8-2　监测井、监测井剖面

（2）填埋场建设时必须包含相关法律法规明确要求的防治污染的工程设施，其施工建设进度必须与主体建设进度同步，保证两者能够按期同步投入使用。

（3）填埋场中的各项环境指标如水环境质量、大气污染状况、土壤环境状况及其他各项物理性污染指标的监测要及时准确，同时还要对填埋作业进行监测，上述监测均应在填埋堆体完全稳定之前进行。监测任务中涉及的采样点的布设、监测指标内容等各项监测工作应按国家现行标准严格执行、规范开展。

（4）填埋气的疏散是需要尤其注意的，应当时刻注意，防止气体聚集，杜绝安全隐患。距离填埋库区底部及边坡的10米土层内的孔隙、洞穴及其他中空结构均需提前处理，压实填满，防止后期引起填埋堆体的不均匀沉降。

（5）进场垃圾中体积较大的固体废弃物可能会对填埋工程结构有所破坏，因此这一类垃圾应在填埋之前进行相应的破碎操作。

（6）填埋场所使用的一些灭害灵、敌敌畏等强力杀虫剂应当注意，防止毒气再次扩散，引发新的环境污染问题。干旱季节作业区域应适当补水，辅助减少扬尘。

3. 劳动规定有哪些？

填埋场的劳动卫生已经有相应的规范和标准，具体应按照《中华人民共和国职业病防治法》《工业企业设计卫生标准》等有关规定执行，参与填埋工作的相关人员应当注意个人身体状况，要保证作业人员每年进行身体检查，在办理的健康登记卡上完整填写身体状况。

4. 突发事件应该如何处置？

（1）针对填埋场可能存在的突发事件应建立完备的应急处置制度，设立应急预案小组，提前制定各项应急方案及紧急执行程序。

（2）填埋场应急预案覆盖范围应包括自然灾害、安全生产事故、公共卫生事件、社会安全事件等不同类别的突发事件，明确具体应对处置措施。

（3）应定期组织管理人员和作业人员进行安全教育及应急演练，提高其应对紧急事件的能力（图8-3）。

图8-3 安全教育及应急预案会议